Sitzungsberichte
der Heidelberger Akademie der Wissenschaften
Mathematisch-naturwissenschaftliche Klasse
Jahrgang 1930. 2. Abhandlung.

Über einen Granulit mit „Sekundärschieferung“ von Auerswalde in Sachsen.

Von

L. Rüger
in Heidelberg

(Mit 26 Figuren)

Vorgelegt von W. Salomon-Calvi
den 18. Januar 1930

Berlin und Leipzig 1930

Walter de Gruyter & Co.

vormals G. J. Göschen'sche Verlagshandlung / J. Guttentag, Verlagsbuchhandlung / Georg Reimer / Karl J. Trübner / Veit & Comp.

Über einen Granulit mit „Sekundärschieferung“ von Auerswalde in Sachsen.

Inhalt.

Das der Untersuchung zugrunde gelegte Stück wurde durch Herrn SANDER bei Auerswalde in Sachsen gesammelt. Für die sehr freundliche Überlassung sowie für die im Innsbrucker Institut genossene Gastfreundschaft bin ich, wie schon bei manch anderer Gelegenheit, Herrn Professor SANDER zu herzlichem Danke verpflichtet. Weiterhin ist es mir eine angenehme Pflicht, der Notgemeinschaft der deutschen Wissenschaft aufrichtigen Dank aussprechen zu dürfen, welche durch eine Leihgabe des Instrumentes mir Untersuchungen gefügeanalytischer Art ermöglichte.

I. Fundort, Struktur und Stoff.

Das Stück entstammt den Granuliteinschaltungen, welche im Gneisglimmerschiefer von Auerswalde auftreten (Danzig 1905). Der geologisch-tektonischen Position nach handelt es sich um das östliche Kontaktgebiet der Granulitkuppel, welche sich im Raume zwischen Auerswalde und Rabenstein aus einer inneren Zone von schuppigen Adergneisen (SCHEUMANN 1925 p. 10, „Gneisglimmerschiefer“ älterer Autoren) und einer äußeren Zone von Muskowitschiefern zusammensetzt. Hieran schließt sich gegen Osten, durch einen Bewegungshorizont getrennt, der Gesteinskomplex des Zwischengebirges.

Was den Granulit (seinem Mineralbestand nach ein Biotitgranulit) für die gefügeanalytische Untersuchung besonders interessant machte, ist das Auftreten einer zweiten flächenhaften Textur. Zur Erläuterung diene die schematische Figur 1. Die Bezeichnungen I, II, III hierin sind die im folgenden auch gebrauchten Lagebezeichnungen der Schliffe, an welchen die Messungen vorgenommen wurden.

Die Granulitschieferung (s_1) macht sich durch einen straff lagenweisen Wechsel breiterer heller und dünnerer dunkler Lagen geltend. Besonders ausgeprägt in der Lage II, nicht so deutlich in I, ganz undeutlich in III. Dieser Richtung (nämlich s_1) folgen, dem Handstück nach zu schließen, Klüfte mit starkem feinschuppigem Biotitbelag. Hier zeigt sich auch ein ausgesprochenes lineares Bezugselement („Striemung"), welches sich bei der gefügeanalytischen Behandlung als echte Scherungsachse (B, siehe diesen Begriff bei Sander 1928 a) erwies. Ob diese Striemung zugleich genau mit der Schnittgeraden von s_1 und s_2 zusammenfällt, ist nicht mit völliger Sicherheit zu entscheiden. Bei der Besprechung der Diagramme wird davon noch zu sprechen sein. Unbeschadet dieser Möglichkeit ist jedoch in allen Figuren obige Annahme zugrunde gelegt.

s_2 ist im frischen Anbruch lediglich durch größere Biotitschuppen erkennbar, was in Figur 1 durch die Strichelung zum Ausdruck gebracht wurde. Die Straffheit, wie sie s_1 hatte, fehlt. Im ganzen steht s_2 ungefähr senkrecht auf s_1. In den vorliegenden Schliffen wurde durch direkte Einmessung der Spuren beider Schieferungen der Winkel zu 89^0 festgestellt, megaskopisch erscheint er etwas kleiner. Von einer richtigen Schieferung im gewöhnlichen Sprachgebrauch ist also nicht die Rede, um so interessanter, daß sich, wie später gezeigt wird, die Bewegungen, welche zur Bildung von s_2 führen, zuerst im Sinne eines B-Tektonites äußern, um schließlich in eine Rupturbildung überzugehen. Der Abstand der s_2-Flächen untereinander ist ziemlich groß, selten unter $^1/_2$ mm, meist darüber.

Mineralbestand: Es ist ein normaler Biotitgranulit. s_1 ist durch das Auftreten größerer Quarzaggregate ausgezeichnet, deren Charakter aus den Figuren 2 und 3 zu sehen ist. Zunächst Figur 3 ($\perp s_1$, // s_2). Hier sind die in Richtung B gestreckten Quarzaggregate auf s_1 in der Länge getroffen und erscheinen dementsprechend lagenweise, wobei der Längsschnitt entweder aus einer oder aus mehreren Einzellagen aufgebaut sein kann. In der Lage III (nicht abgebildet) sieht man die gestreckten Quarzlagen, jedoch viel breiter. In der Lage I (Figur 2) sind diese Quarzaggregate quer getroffen, man sieht also unregelmäßige Anhäufungen größerer Quarze inmitten der viel feinkörnigeren Grundmasse. Die Gesamtform der auf s_1 liegenden Quarzaggregate wäre am besten als in III flachgedrückte Spindeln nach B zu bezeichnen.

Für die spätere Erörterung der Quarzregelung ist es nun wichtig, daß diese Quarze // der Lage II im vorliegenden Schliffe kaum undulöse Individuen zeigen, dagegen in Lage III und I neben unversehrten Quarzen auch solche mit undulöser Auslöschung.

Quarz ist ferner der Hauptgemengteil der sehr feinkörnigen Grundmasse. Hier gesellt sich als zweiter Hauptgemengteil sauerer Plagioklas (etwa Oligoklasalbit) hinzu. Er ist durchwegs klar und zeigt häufiger unverzwillingte als verzwillingte Individuen. Zugleich tritt in der Grundmasse Orthoklas auf, jedoch viel spärlicher als Plagioklas.

Der Biotit als weiterer Hauptgemengteil tritt in zwei Generationen auf. Zunächst in Form kleiner Schüppchen, die als Einzelindividuen scheinbar regellos liegen, in ihrer Gesamtheit jedoch straff lagenweise // s_1 angeordnet sind, wie dies in Figur 2 zum Ausdruck gebracht ist. Diese sind es, welche mikroskopisch die Granulitschieferung neben den hellen Lagen unterstreichen. Die genauere Betrachtung zeigt einen ganz minimalen Größenunterschied bei den kleinen Biotiten (vor allem in Lage I zu sehen) nämlich derart, daß die, welche ungefähr // s_2 liegen, vielfach etwas größer sind als die // s_1. Dieser kaum bemerkbare Unterschied gewinnt jedoch eine Bedeutung bei der Diskussion der Gefügediagramme.

Waren die kleinen Biotite in ihrer Gesamtordnung unbeschadet ihrer Einzelstellung // s_1, so ist es bei der zweiten Generation, den großen Biotiten, anders. Zu deren Charakterisierung bedarf es jedoch noch einer Besprechung von s_2, wie sich diese mikroskopisch bietet (siehe Figur 2). Zur Hauptsache sind es intergranulare Rupturen, deren Verheilung teilweise durch eine feinkörnige dunkle Masse (Limonit?) erfolgt. Da sie s_1 durchsetzen, sind sie jünger. Verschiebungen längs s_2 sind nicht feststellbar, doch bemerkt man bisweilen undulöse Auslöschung der nächstliegenden Körner, wie dies schon erwähnt wurde (bei Lage I und III). Diese Rupturen erweitern sich stellenweise und sind dann durch ein sperriges Aggregat großer Biotite und Muskowite ausgefüllt. Ganz offensichtlich ist für deren Bildung also die Raumschaffung durch die Rupturen nötig. In diese wandern die letzten mobilen Bestandteile ein, wobei der Muskowit jünger als der große Biotit ist und der Muskowit im übrigen das jüngste Mineral überhaupt. Als eigentlicher Gemengteil des Granulites ist er daher nicht anzusprechen, da seine Bildung in eine Zeit fällt, in der die Granulitbildung abgeschlossen war.

Diese großschuppigen Glimmeraggregate sind es, die schon im Gesteinsbruch s_2 erkennen lassen.

Sie stellen sich gern (aber durchaus nicht als Regel) gewissermaßen als „Gangkreuzungen", nämlich in den Schnitten s_1 und s_2 ein.

Postkristalline Deformationen sind an einigen Individuen bemerkbar, an den Biotiten häufiger als an den Muskowiten.

Als Porphyroblasten treten große Mikroperthite auf, auf deren Vorkommen im Granulit Lehmann (1884) erstmalig hinwies. Sie enthalten vielfach tropfenförmige Quarzeinschlüsse. Am Rande stellen sich bisweilen auch mikrographische Verwachsungen ein.

Von Accesoria sind zu nennen: Rutil, Zirkon und Granat. Letzterer stellenweise beginnende Biotitisierung zeigend, wie dies Lehmann ausführlich beschrieb. Oft sind auch die von Scheumann (1924) erwähnten Zerfallserscheinungen zu sehen, jedoch nicht so ausgeprägt. Bei einem weiteren, nicht näher bestimmbaren Mineral (sehr selten auftretend) scheint es sich um Zoisit zu handeln.

Damit ist das Gestein genügend charakterisiert. Es bliebe nur noch übrig, die gemessenen Mineralien zu nennen. Es wurde in drei Lagen gemessen (I, II und III in Figur 1), und zwar: die kleinen Biotite, die großen Biotite, die Muskowite und die Quarzaggregate auf s_1. Die Grundmasse entzog sich leider durch ihre Feinkörnigkeit der statistischen Vermessuug. Von den Mikroperthiten waren es zu wenig, um ein ausdeutbares Bild zu bekommen. Bei starker Vergrößerung wurden Stichproben unter den Plagioklasen der Grundmasse gemacht. Hierbei zeigte sich (am Schliff der Lage II), daß c vielfach // B (in s_1) und 001 // s_1 liegt. Dies deckt sich also mit der von D. Korn festgestellten Albitregel (Sander 1928 c). Aber die Unterlagen sind im vorliegenden Falle zu gering, um eine Entscheidung zu treffen. Parallel der Lage II wurde nachträglich noch ein Schliff hergestellt und vermessen, um eine noch später zu erörternde Frage zu klären.

Im ganzen liegen den beigefügten Diagrammen rund 3500 Messungen zugrunde.

II. Die gefügeanalytische Untersuchung.

1. Die kleinen Biotite.

Figur 4: Es bietet das typische Bild eines B-Tektonites, bei welchem die Schnittgerade s_1 / s_2 Scherungsachse ist. Die stärkere Besetzung zeigt s_2, wobei dessen Besetzungsbereich hinsichtlich der Trennungen durch Untermaxima nicht scharf symmetrisch zu s_1 liegt. Die letztere Verteilung gilt ebenso für den Besetzungsbereich von s_1. Geht man von den Hauptbesetzungen in den Polen von s_1 und s_2 aus, so lassen sich Teilmaxima wie folgt festlegen:

in 28° Abstand symmetrisch von Pol s_1,
in 65° Abstand von Pol s_2.

Ein weiteres Teilmaximum in 50—55° Abstand von Pol s_2 ist nur im NW-Quadranten entwickelt.

Figur 5: Der Typus eines zerrissenen Gürtels, wie er mehrfach schon bekannt ist. Besonders ins Auge fallend sind die scharf in sich geschlossenen Besetzungsbereiche von s_1 und s_2, deren Trennung sich in 40—45° Abstand von Pol s_2 befindet. Genau wie in Figur 4 die Spur s_1 auch nicht Symmetrale des Besetzungsbereiches von s_2 ist (scharfer Besetzungsabfall oberhalb s_1), ist dies auch in Figur 5 nicht der Fall. Sehr deutlich ist der Zerfall der Besetzung im Pol von s_1, wo in 25—30° Abstand oben und unten Teilmaxima auftreten. Sie sind zwanglos mit den Teilmaxima in Figur 4 zu identifizieren, welche in je 65° Abstand vom Pol s_2 auftreten. Was die in Figur 4 in 28° Abstand von Pol s_2 liegenden Teilmaxima anlangt, so könnte man in Figur 5 den Zerfall der zentralen Besetzung (zu berücksichtigen ist auch die 3% besetzte Auslappung unterhalb des Diagrammittelpunktes) dahin deuten.

Figur 6: Sehr auffallend erscheint die zu schwache Besetzung im Pol s_1 (Mittelpunkt). Hierbei muß aber berücksichtigt werden, daß die kleinen Biotite vielfach schon eine Kleinheit erreichen, daß sie wohl bei den auf dem U. T. verwendeten Vergrößerungen noch erfaßt werden, wenn sie ⊥ oder sehr schief zu 001 getroffen sind, nicht aber, wenn sie mit letzterer Fläche in der Schliffebene liegen. Dies erklärt den Besetzungsausfall. Der trennende Bereich der Besetzungen von s_1 und s_2 kommt auch in diesem Diagramm wieder zum Ausdruck. Weitere Einzelheiten lassen sich nicht mit Sicherheit vergleichen, wenngleich eine genaue Betrachtung doch mehrfache Hinweise zu geben scheint.

2. Die großen Biotite.

Figur 7: Im Vergleich mit Figur 4 tritt die nun besonders herrschende Besetzung von s_2 gegenüber s_1 hervor, wobei zudem s_1 symmetrisch zur Besetzungsstärke des Gürtels liegt. Symmetrisch von Spur s_1 treten in 28° Abstand Teilmaxima hervor (in gleicher Lage wie in Figur 4), symmetrisch zu Spur s_2 in 25° Abstand (ebenfalls in Figur 4).

Figur 8: Der Gürtel ist nahezu geschlossen, wie man dies auch aus der Gleichmäßigkeit in der Besetzungsstärke bei Figur 7 erwarten sollte. Die erwähnten Teilmaxima im Pol von s_1 treten ebenfalls hervor, desgleichen die im zentralen Besetzungsbereich. Die Verschwächungen im Gürtel (Einschnürung und 1% Besetzung) liegen in 40—45° Abstand von Pol s_2, also an gleicher Stelle, wo das Diagramm der kleinen Biotite (Figur 5) Gürtelzerreißung zeigt.

Figur 9: Entsprechend der Schlifflage ist zwar zu erwarten, daß der zentrale Bereich schwächere Besetzung zeigt, da ja Pol s_1 bedeutend schwächer besetzt ist. Indessen erscheint die Besetzung doch zu schwach. Nicht ausgeschlossen ist es, daß auch die großen Biotite in der Lage // s_1 vielleicht stärker und schwächer besetzte Lagen bilden.

3. Die Muskowite.

Figur 10: Hauptbesetzung liegt ebenfalls in s_2, die Besetzungsstärke jedoch nicht so symmetrisch verteilt wie bei den großen Biotiten (Figur 7). Zudem ist der ganze Gürtel breiter als bei den Biotiten. Symmetrisch zu Spur s_1 treten in 30° Abstand ebenfalls Teilmaxima auf, desgleichen ist auch im Besetzungsbereich von Pol s_1 eine Aufgliederung in Teilmaxima zu bemerken. Man ist versucht, sie mit den Teilmaxima gleicher Lage in Figur 4 und 7 zu identifizieren, muß aber dabei berücksichtigen, daß nicht so scharfe Symmetriebeziehungen bestehen (bezogen etwa auf die Spur von s_1 oder s_2 oder deren Besetzungen).

Figur 11: Der trennende Bereich zwischen den Besetzungen von s_1 und s_2 liegt in etwa 50° Abstand vom Pol s_2. Starke azimutale Verbreiterung der s_1-Besetzung gegenüber den bisherigen Bildern.

Figur 12: Starke azimutale Verbreiterung der s_2-Besetzung. Die wieder zu schwache Besetzung von s_1 könnte wie bei den großen Biotiten auf ungleich starke Besetzung // s_1 zurückführbar sein.

Figur 13: Dargestellt sind die b-Vektoren (kristallographische a-Achsen) der auf s_2 liegenden Muskowite (Diagramm in Lage II, vergleiche das zugehörige Diagramm der Normalen 001 in Figur 11). Man bemerkt, daß die Maxima ungefähr senkrecht aufeinanderstehende Zonen bilden. Von diesem Diagramm wird noch zu sprechen sein, nachdem die Quarzdiagramme erörtert wurden.

4. Die Quarze.

Wie einleitend bemerkt, sind zwei Korngruppen von Quarzen im Schliffbilde feststellbar: Quarze der Grundmasse und Quarze, welche auf der Granulitschieferung s_1 liegen. s_2 ist nicht von irgendeiner besonderen Quarzkornart besetzt. Es ist, was auf S. 4/5 schon hervorgehoben, lediglich bemerkbar, daß in nächster Nachbarschaft von s_2 manche Quarze undulöse Auslöschung zeigen, doch ist diese Erscheinung statistisch nicht faßbar, so daß bei den meßbaren Quarzen praktisch nicht weiter unterscheidbare Körner vorliegen. Doch muß diese Erscheinung für die spätere Beurteilung der Gefügebilder evident gehalten werden.

Der genaue Vergleich der Diagramme untereinander, unterstützt durch die gegenseitige Überführung, zeigt, daß eine Erörterung eigentlich nur unter zwei Gesichtspunkten möglich ist:

a) Es liegen zwei, zeitlich weit getrennte Regelungsakte vor, die auf zwei getrennte tektonische Phasen rückführbar sind (Bildung von s_1 und s_2).

b) Es liegt nur ein Regelungsakt vor.

Es ist ferner zu prüfen, ob die jüngere Deformation (Bildung von s_2) die gleiche Gleitgeradenebene wie s_1 besitzt. Nur in diesem Falle wäre die Schnittgerade s_1 / s_2 zugleich Scherungsachse, sonst würde s_2 eine eigene Scherungsachse besitzen (B_1), die zu B (zugehörig zu s_1) einen Winkel bildet. Unter diesem Gesichtspunkte werden, nach Besprechung der Quarzdiagramme, nochmals die Glimmerdiagramme zu Worte kommen.

Unter Zugrundelegung der Annahme a — und daß wir hierzu berechtigt sind, werden die folgenden Ausführungen belegen – ergibt sich folgende Überlegung: die Messungen // der Lage II mußten, sofern der Schliff zwischen zwei s_2-Flächen fiel, die Regelung von s_1 ergeben, sofern der Schliff aber gerade in s_2 lag, die von s_2. Ein Schliff // der Lage I mußte, da s_1 und s_2 getroffen ist, beide Regelungen ergeben. Der Schliff // der Lage III muß natürlich ebenfalls beide Regelungen erfassen. Bezeichnen wir den einen Regelungstypus als R (weitpunktiert in Figur 17), den anderen als R_1 (engpunktiert), so müssen sich bei konstruktiver Rotation der Lagen I–III folgende Beziehungen feststellen lassen:

I — — — $R + R_1$; II — — — R oder R_1; III — — — $R + R_1$.

Rotiert II zur Lage von III — — — R (oder R_1),
III „ „ „ II — — — $R + R_1$ (= dem rotierten Diagramm, welches aus I nach II erhalten wird),
II „ „ „ I — — — R (oder R_1),
III „ „ „ I — — — $R + R_1$ = gemessenen Diagramm I,
I „ „ „ II — — — $R + R_1$ (= dem rotierten Diagramm, welches aus III nach II erhalten wird),
I „ „ „ III — — — $R + R_1$ = dem gemessenen Diagramm III.

Wir erwarten daher, im Diagramm // der Lage II ein „reines" Bild, sei es R oder R_1, zu finden. Gerade dieser Lage wurde daher besondere Aufmerksamkeit geschenkt und ein zweiter Schliff vermessen.

Es zeigte sich, was später an Hand der Diagramme begründet wird, daß die beiden Schliffe // der Lage II genau das gleiche Messungsergebnis hatten, also jedesmal nur einen Regelungstypus erfaßten.

Es seien nun die oben vermuteten Beziehungen durch Diagrammvergleich im einzelnen geprüft und hierbei an Figur 14 und Figur 14a (Kontrollschliff) angeknüpft. Beide stimmen völlig überein bis auf kleine Abweichungen, von denen die leichte Besetzung nahe dem Mittelpunkt im NW-Quadranten von 14a hervorgehoben sei. Hauptkennzeichen beider Diagramme sind die zwei Maximapaare, davon das eine sehr stark, das andere schwach. Rhombische Symmetrie, Kleinkreisbesetzung.

Figur 14 (bzw. 14a) rotiert nach Lage III: Figur 18 bzw. 18a. Die Kleinkreise sind zu Ellipsen umgestaltet. Vergleich der rotierten Bilder mit dem gemessenen Diagramm der Lage III (Figur 15). Hierbei ist zu berücksichtigen, daß die Schliffe // II und III untereinander nicht gleichorientiert sind, sondern um 180° gedreht sind, beim Vergleich daher entsprechende azimutale Drehung. Man erkennt die absolute Konstanz des starken Maximumpaares (in Figur 14 bzw. 14a im NE- und SW-Quadranten), welche genau in Figur 15 im NW-Quadranten erscheinen. Nicht konstant dagegen ist das zweite schwächere Maximumpaar. Dafür treten in Figur 15 neue Besetzungselemente auf, wovon besonders die im Kleinkreis des NE-Quadranten auftretende Besetzungszone auffällt. In ihr erblicke ich den Ausdruck des Regelungstypus R_1, zuordenbar der s_2-Deformation. Diesen Besetzungen wird im folgenden besondere Aufmerksamkeit zuzuwenden sein. Ferner sei hier nochmals die kleine oben erwähnte Abweichung in Figur 14 betrachtet, die im rotierten Diagramm (18a) in der unteren Hälfte nahe dem Rand erscheint. Es ist dies genau die Stelle, wo in Figur 15 eine stärkere Besetzung liegt. Ein Zeichen, daß der zweite Schliff (14a) noch etwas von R_1 erreichte!

Nun der umgekehrte Weg: das gemessene Diagramm der Lage III (Figur 15) nach Lage von Figur 14 (bzw. 14a): Man erhält Figur 19. Mit schönster Deutlichkeit erkennt man (zu vergleichen mit den gemessenen Diagrammen 14, 14a) die schon betonte Erhaltung des starken Maximumpaares und das Auftreten neuer Elemente, die den Diagrammen 14 und 14a durchaus fehlen. Hierbei ist wieder die entsprechende azimutale Drehung zu berücksichtigen.

Wir prüfen nun die Beziehungen zwischen den Lagen II und I, rotieren also Figur 14 (bzw. 14a) nach der Lage von Figur 16: Figur 20 bzw. 20a. Bei dem Vergleich ist, wiederum infolge ungleicher Orientierung der Schliffe, eine Drehung vorzunehmen, daß Bild auf

Bild liegt, also Drehung um eine Achse, die in Spur von s_2 liegt. Wiederum Erhaltung des starken Maximumpaares, Verschwinden bzw. gänzliches Undeutlichwerden des schwachen Maximumpaares, Auftreten neuer Elemente, die den Ausgangsdiagrammen fehlen.

Und umgekehrt nun die Rotation des gemessenen Diagrammes der Lage I (Figur 16) gegen Lage II: Figur 23. Zum Vergleich mit 14 bzw. 14a wieder Bild gegen Bild drehen (d. h. Figur 23 um eine Achse ⊥ B). Man sieht wieder die Erhaltung des starken Maximumpaares, daneben (und sehr betont) andere Besetzungen.

Nun die Lage II nach Lage I (Figur 15 nach 16). Da in beiden $R + R_1$ getroffen ist, müssen die rotierten Diagramme mit den gemessenen übereinstimmen: Figur 21. Dazu vergleiche Figur 16 (Bild gegen Bild), die zu erwartende Übereinstimmung besteht. Als Kontrolle nun I nach III (Figur 16 nach 15): Figur 22. Vergleich mit Figur 15 (Bild gegen Bild): wiederum tritt die zu erwartende Übereinstimmung hervor.

Prüfen wir schließlich noch auf indirektem Wege. Die Rotation von III nach II (Figur 15 nach 14 bzw. 14a) muß mit dem Diagramm übereinstimmen, welches sich aus der Rotation von I nach II (Figur 16 nach 14 bzw. 14a) ergibt. Es ist also Figur 19 mit Figur 23 zu konfrontieren (hierzu azimutale Drehung von 23 um 180°, sodann Bild gegen Bild): die Übereinstimmung ist fast erreicht.

Wir fassen nochmals zusammen:

Es erfolgte die Annahme, daß // der Lage II nur ein Regelungstypus erfaßt wurde (R oder R_1). Der Sachlage nach durfte erwartet werden, daß quantitativ eine durch Bildung von s_2 hervorgerufene Deformation evtl. weniger gefügeumformend sich erweist als die Deformation, welche zu s_1 führte. Diese Annahme wurde u. a. durch den rupturellen Charakter von s_2 gestützt, an dessen Flächen eben nur ganz geringe postkristalline Deformationen feststellbar waren. Und diese auch nur in allerunmittelbarster Nachbarschaft von s_2. Deshalb ist bei der Schliffebene // II wohl möglich, R oder R_1 anzutreffen (wobei wir R als zu s_1, R_1 zu s_2 gehörig bezeichneten). Die größere Wahrscheinlichkeit aber wird für R sprechen, also daß die für s_1 charakteristischen Regelungen zu erfassen sind. Der Vergleich der gemessenen mit den rotierten Diagrammen stützte diese Vorstellung weitgehend.

Betrachten wir nun nochmals die Glimmerdiagramme. Auf den ersten Blick scheint es wohl, daß die auf s_1 und s_2 erfolgten Bewegungsvorgänge die gleiche Gleitgeradenebene besitzen. Indessen muß vorsichtigerweise doch berücksichtigt werden, daß dies eben nur scheinbar ist, wobei die Abweichung so gering ist, daß sie nicht mehr erfaßbar erscheint. Zur Diskussion dieser Frage halten wir zunächst nochmals drei Punkte fest:

a) die Raumschaffung für die großen Biotite und Muskowite ist von den längs s_2 erfolgten Rupturen abhängig. In diesen sitzen sie nesterweise. Figur 2;

b) unter den kleinen Biotiten bestehen Größenunterschiede derart, daß diejenigen // s_2 etwas größer sind als die // s_1. Dieser minimale Größenunterschied ist aber durchaus nicht immer vorhanden und zudem statistisch nicht faßbar. Alle kleinen Biotite liegen in bezug auf die Quarzkörner intergranular;

c) die Gesamtanordnung der kleinen Biotite ist straff // s_1.

Wir vergleichen die Figuren 5, 9 und 11, deren Mittelpunkte Pol s_2 ist.

In 5 liegen die Normalen 001 der kleinen Biotite im Bereich von s_2 in ihrer Gesamtheit zwar tautozonal B, die Hauptbesetzung dagegen zeigt die Tendenz einer Erstreckung vom SW- gegen den NE-Quadranten.

In 8 scharfe Besetzung s_2. In 11 tritt unverkennbar wieder eine Tendenz Erstreckung vom SW- nach dem NE-Quadranten auf, die zudem durch die breitere Besetzung im Pol von s_1 unterstrichen wird.

Zum Weiterverfolg stellen wir nun 6, 9 und 12 gegenüber, deren Mittelpunkte Pol s_1 sind. Hierbei ist ganz deutlich von 6 nach 9 und 12 eine azimutale Verbreiterung der s_2-Besetzung bemerkbar. Es bestehen die Möglichkeiten, daß, sofern man dem überhaupt eine Bedeutung zuschreiben will,

a) sich hierin das Einsetzen einer weiteren Gleitflächenschar ausprägt, deren Gleitgeradenebene nicht mehr die gleiche Lage wie die zu s_1 gehörige besitzt oder

b) Wachstumregelungen vorliegen.

Daß letztere Erscheinung sehr wohl hier eine Rolle spielen kann, dürfte außer Zweifel sein. Wir wissen (Sander 1928b p. 183, Schmidegg in Sander 1928b p. 187), daß hierbei 001 normal s auftritt. In vorliegendem Falle — für die großen Biotite und Muskowite — sind die Wände von s_2 zum Ausgang des Wachstums vorhanden.

Zur Feststellung der Gleitgeradenrichtung im Muskowit wurden die in s_2 liegenden Muskowite untersucht, worauf schon ein Hinweis (S. 8 und Figur 13) erfolgte. Zur Darstellung gebracht sind die Normalen der optischen Hauptebene (Vektor b = kristallographische a-Achsen). Die Lage der vermessenen Muskowite ist in Figur 11 zu sehen. Es wurde oben schon gesagt, daß die zentrale Besetzung eine unverkennbare Erstreckung vom SW- nach dem NE-Quadranten hat. In dieser Richtung aber liegen auch Besetzungen durch die a-Achsen in Figur 13. Errichtet man auf dieser Richtung eine senkrechte Zone, so fällt in diese das zweite Maximumgebiet. Ist dem so, wäre anschließend an die Erfahrungen von SANDER die Deutung möglich, daß sich hier richtungsgemäß auch die Gleitgeradenebenen ausdrücken, also a // x. Aber es muß dieser Deutung eine zweite zur Diskussion gegenübergestellt werden, ohne daß die Möglichkeit eines derzeitigen Entscheides an vorliegendem Beispiele besteht, nämlich, daß außer der von SANDER in a der Muskowite liegenden Translationsrichtung noch andere in Frage kämen. In erster Linie wäre hier an die Druckfigurenstrahlen zu denken, deren Zusammenhang mit Translationsrichtung ja von verschiedener Seite hervorgehoben wurde. Auch an die Schlagfigurenstrahlen bzw. den entsprechenden Kanten von 001 zu 010 bzw. $\bar{1}11$ bzw. $\bar{1}\bar{1}1$ könnte angeknüpft werden.

Somit liefern die Glimmerdiagramme keine eindeutigen Hinweise für die Frage, ob es sich um ein oder zwei Deformationsakte handelt und ob in letzterem Falle die gleiche Gleitgeradenebene benützt wurde. Bei den Quarzen scheint man, wie ausführlich begründet wurde, die Annahme zweier Regelungsakte nicht umgehen zu können. Es wurde weiter vermutet, daß es die in Lage I und III beobachtbaren Individuen mit Anzeichen mechanischer Deformation sind, die der Bildung von s_2 (als jüngster Deformation) zugehören. Und es liegt dann nahe, sie in gleicher Weise zu beurteilen, wie dies SANDER (1928a p. 14) bei der Behandlung der Trajektorienabbildung durch stabile Kataklase, aufgewiesen an Calcit, tat. Die Deformation dieser Körner bildet also die das Gestein betroffene letzte Beanspruchung ab.

Der sächsische Granulit erlitt verschiedene Schicksale. Sie sind weitgehend durch die Untersuchungen von SCHEUMANN (1924, 1925) geklärt, und es ist von gewissem Interesse, beide Ergebnisse gegenüberzustellen. SCHEUMANN charakterisiert die tektonische Abfolge (proto-syn-apotektonisch) als die „auf Null abnehmende Tektonoblastese, entsprechend der orogenen Formbildung von magmatischer Mischung, Verfaltung und Vergneisung zu statomorpher Erstarrung, vom Mechanismus der Fließdecken zu dem der Schubdecken und der Bruchtektonik“. Die Intrusion der erzgebirgischen Granite fand nach seinen Darlegungen versteifte Massive der erzgebirgischen und granulitgebirgischen Abteilung syntektonischer Magmen vor (Freiberger Orthogneise, rote Gneise, Granulite, Gneisgranite u. a.).

Für unsere Zwecke ist daraus zu entnehmen, daß mit dem tektonischen Akt, welcher mit der Granulitbildung verbunden war, die tiefentektonische Geschichte des Gesteins noch keinen Abschluß fand. Besonders gerade die Bildung von s_2 könnte durchaus einer späteren, selbständigen tektonischen Phase zuordenbar sein, in welcher jedoch noch weitgehende Stoffmobilisierung stattfand.

Legende zu den Diagrammen

(in %)

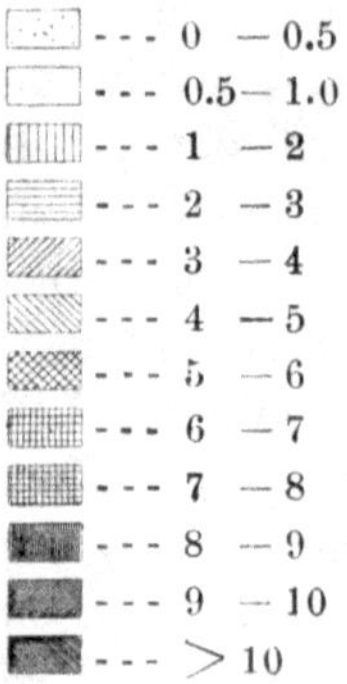

Literatur.

1884. Lehmann, J.: Untersuchungen über die Entstehung der altkristallinischen Schiefergesteine mit besonderer Bezugnahme auf das sächsische Granulitgebirge usw. Bonn bei Hochgürtel.

1905. Danzig, E.: Erläuterungen zur geologischen Spezialkarte des Königreichs Sachsen: Sektion Mittweida-Taura.

1924. Scheumann, K. H.: Prävariskische Glieder der sächsisch-fichtelgebirgischen kristallinen Schiefer. Abh. d. math.-phys. Kl. d. sächs. Akad. d. Wiss. Bd. XXXIX, Nr. 1.

1925. Scheumann, K. H.: Die gesteins- und mineralfazielle Stellung der Metakieselschiefergruppe der südlichen Randzone des sächsischen Granulitgebirges. Abh. d. math.-phys. Kl. d. sächs. Akad. d. Wiss. Bd. XXXIX, Nr. 3.

1928a. Sander, B.: Über Tektonite mit Gürtelgefüge. Fennia 50 (Sederholmfestschrift).

1928b. Sander, B.: (mit O. Schmidegg und D. Korn): Über einige Glimmergefüge. Notizbl. d. Ver. f. Erdkunde u. d. hess. geol. L. A. zu Darmstadt f. d. J. 1927 (Klemmfestschrift).

Für weitere Hinweise auf Arbeiten gefügeanalytischer Art vergleiche die Literaturzusammenstellungen bei Sander.

Abbildungen.

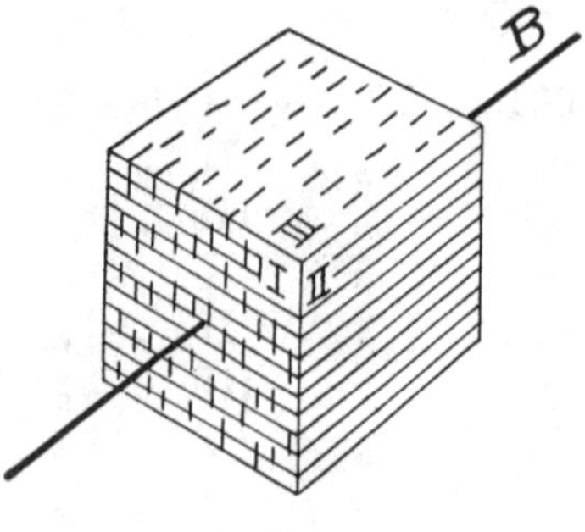

Fig. 1.

Schematische Figur zur Erläuterung der Lage beider Schieferungen im Granulit. I, II, III sind die Schlifflagen. — Ausgezogen: Granulitschieferung (s_1); gestrichelt: Sekundärschieferung (s_2).

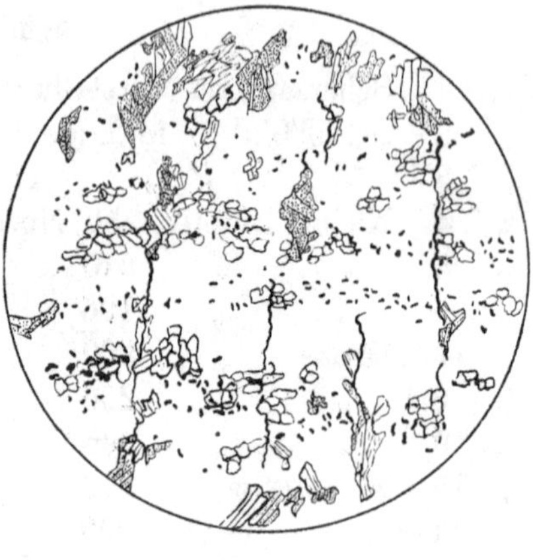

Fig. 2.

Schlifflage I in Fig. 1. — Schwarz: kleine Biotite (in Lagen // s_1, deren Spur hier horizontal liegt). Punktiert: große Biotite. Liniiert: Muskowite. Weiß: Quarze. Die Grundmasse ist nicht gezeichnet. Etwa 40 ×.

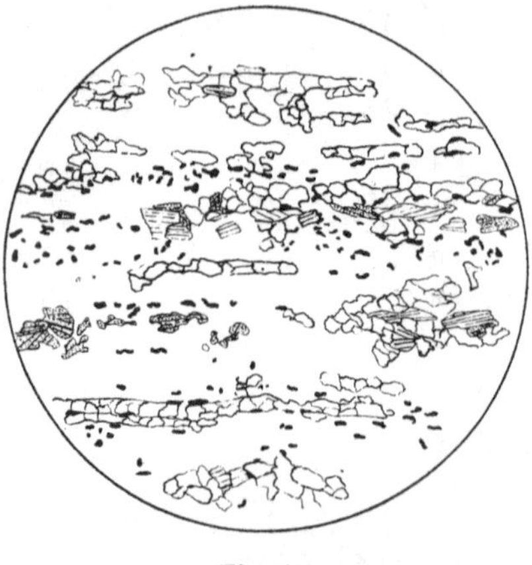

Fig. 3.

Schlifflage II in Fig. 1. Spur s_1 horizontal. Erläuterung siehe Fig. 2. Etwa 40 ×.

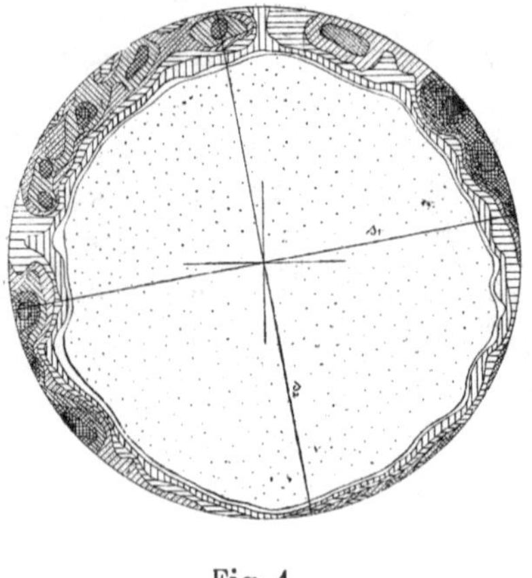

Fig. 4.

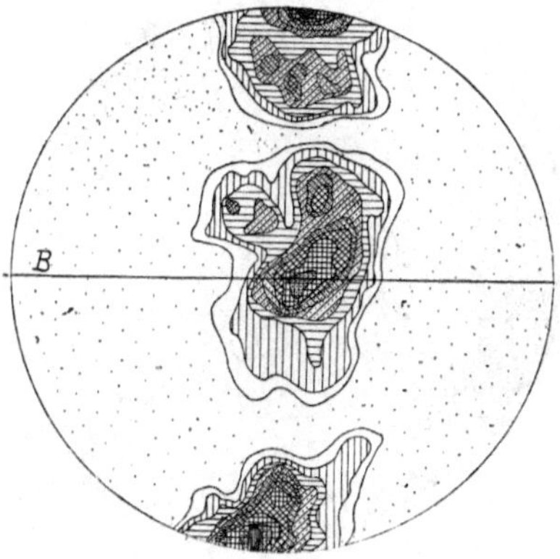

Fig. 5.

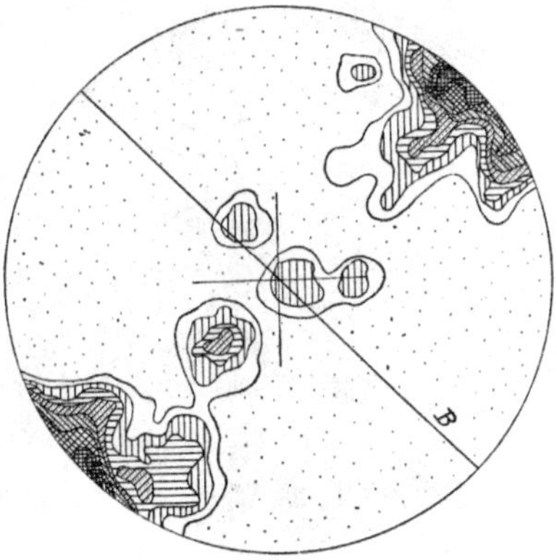

Fig. 6.

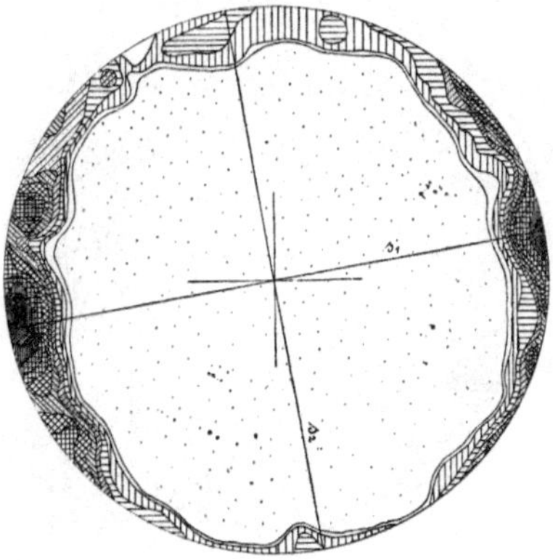

Fig. 7.

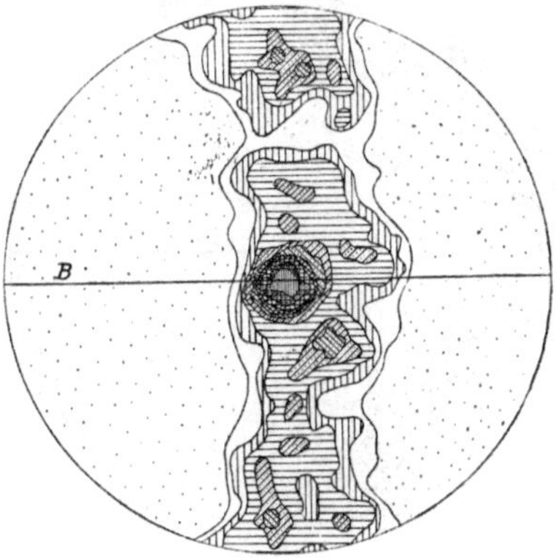

Fig. 8.

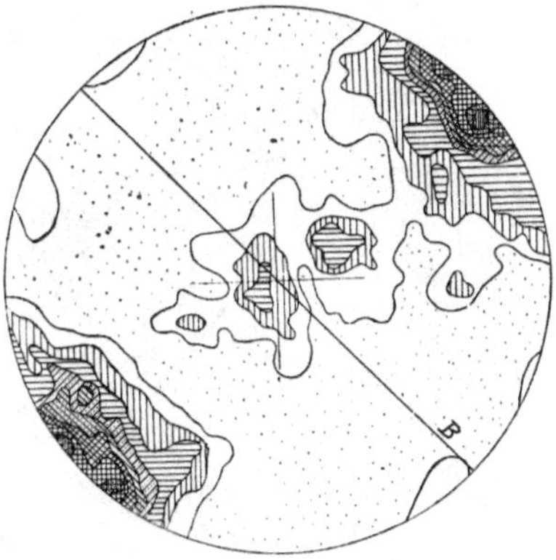

Fig. 9.

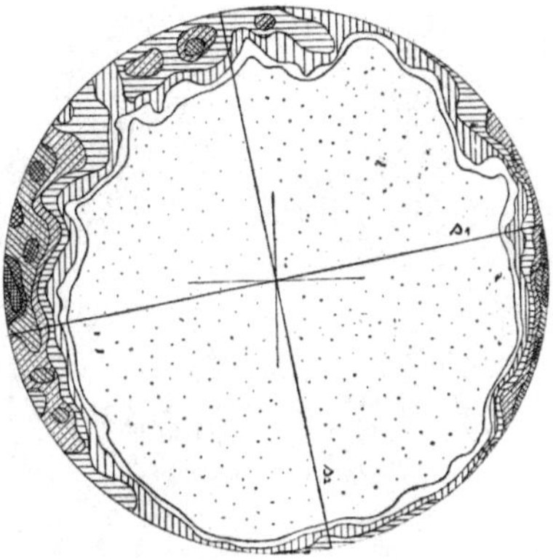

Fig. 10.

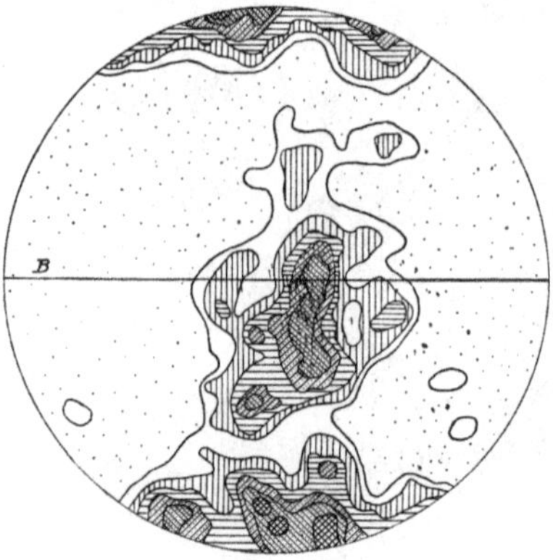

Fig. 11.

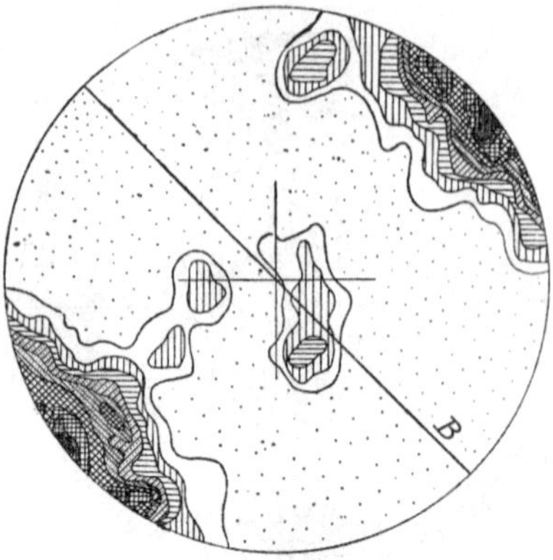

Fig. 12.

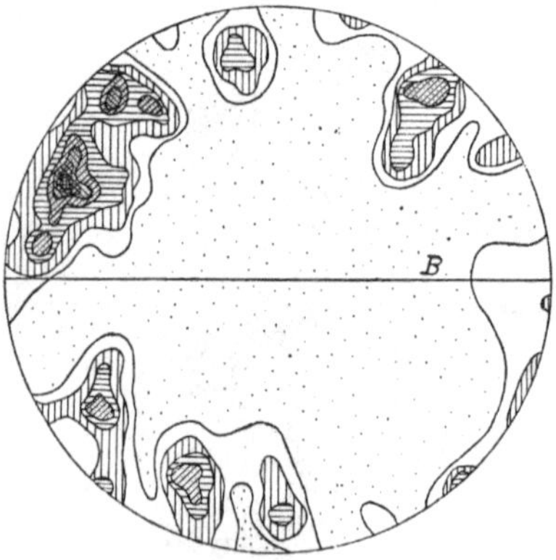

Fig. 13.

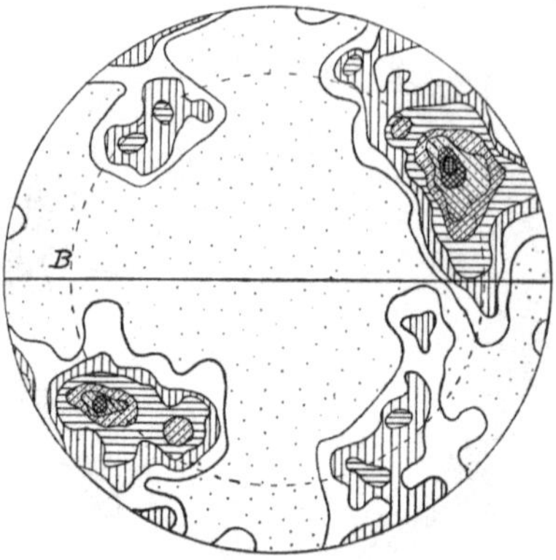

Fig. 14.

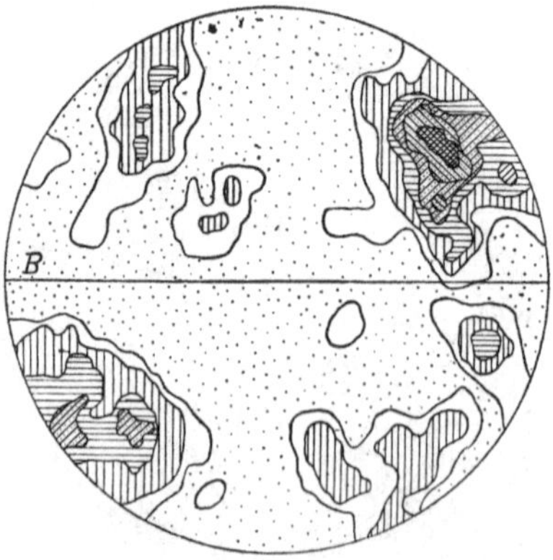

Fig. 14a.

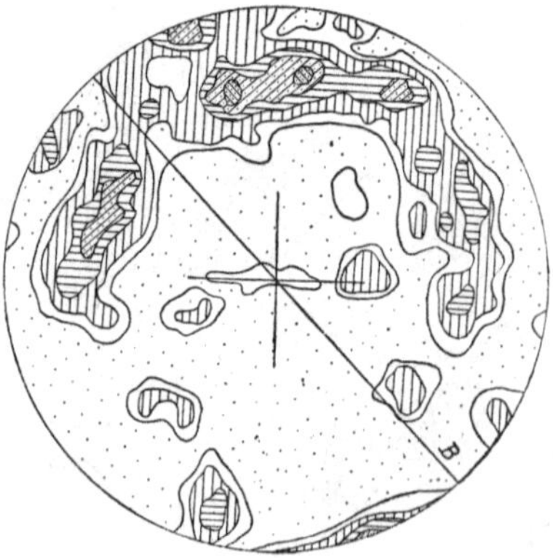

Fig. 15.

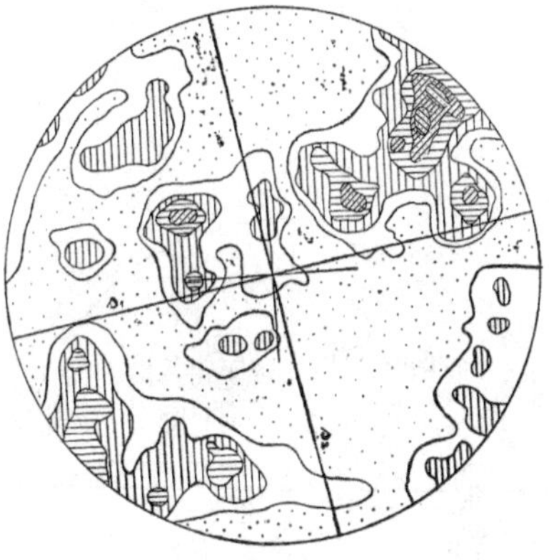

Fig. 16.

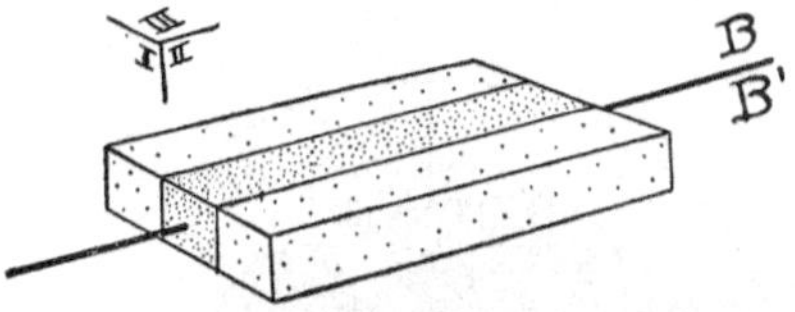

Fig. 17.

Zur Erläuterung der Regelung der Quarzaggregate auf s_1. Lagebezeichnungen wie in Fig. 1. Erläuterung siehe Text.

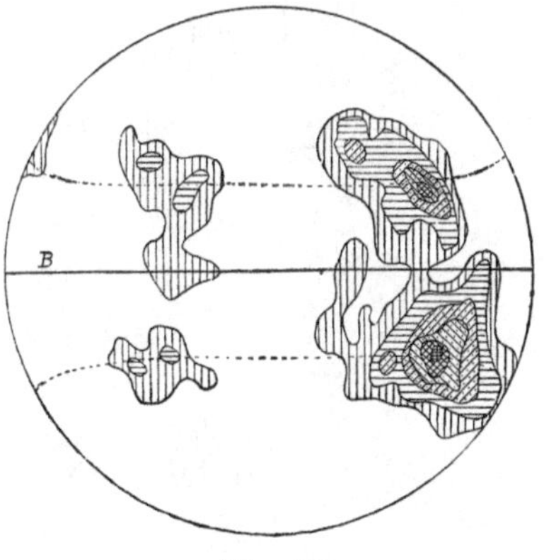

Fig. 18.

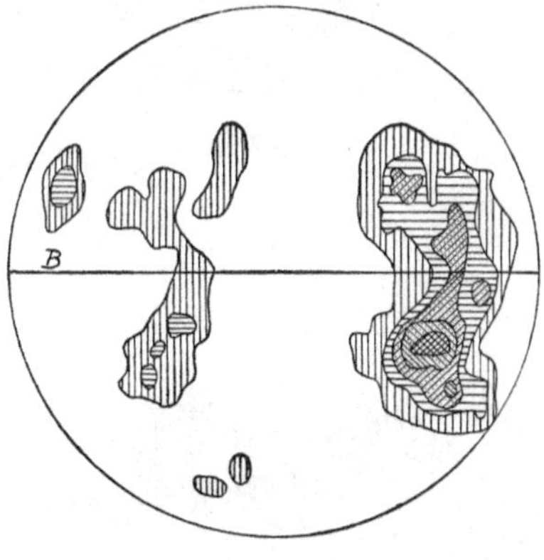

Fig. 18a.

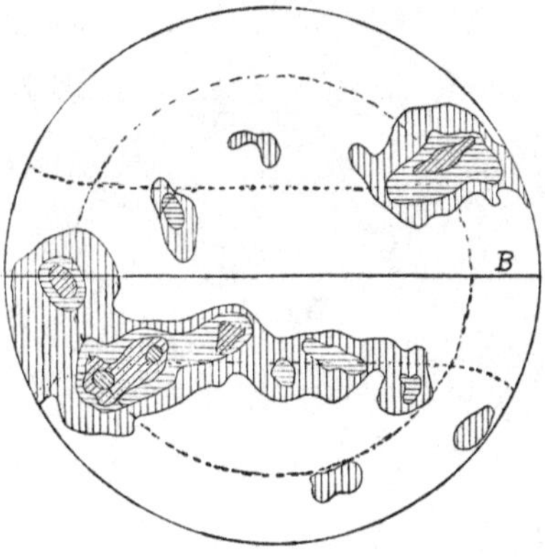

Fig. 19.

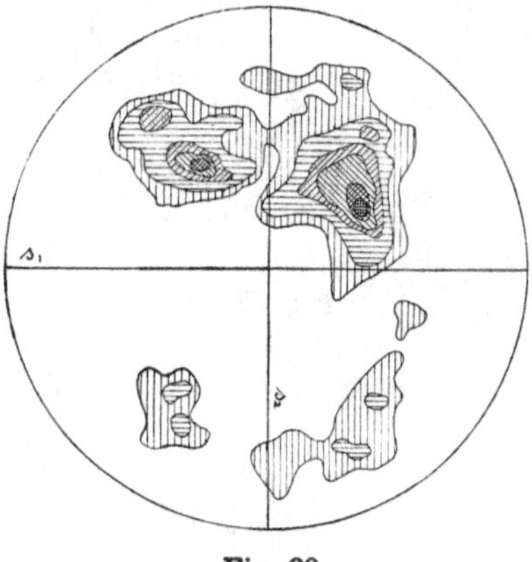

Fig. 20.

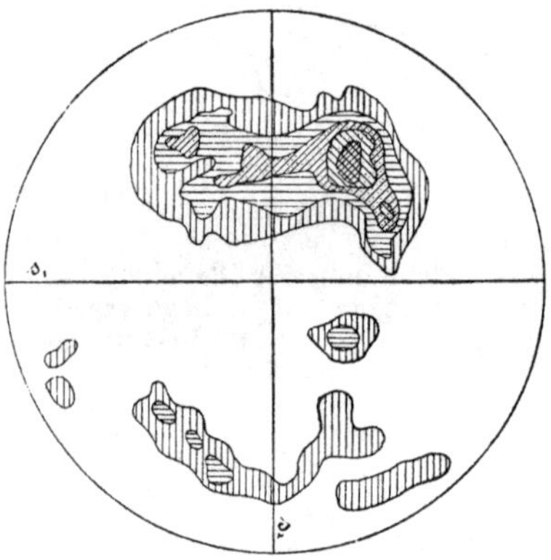

Eig. 20 a.

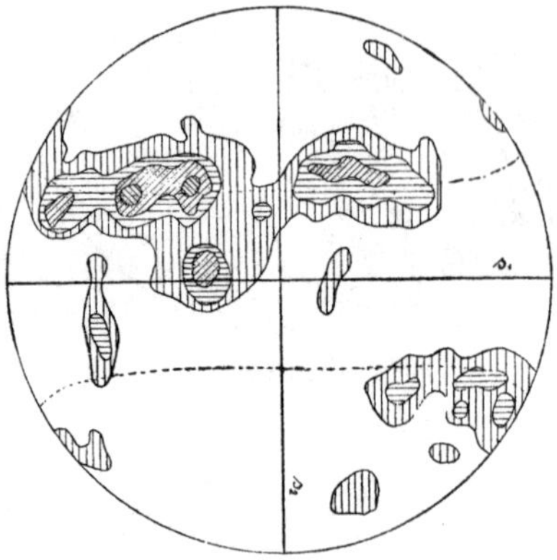

Fig. 21.

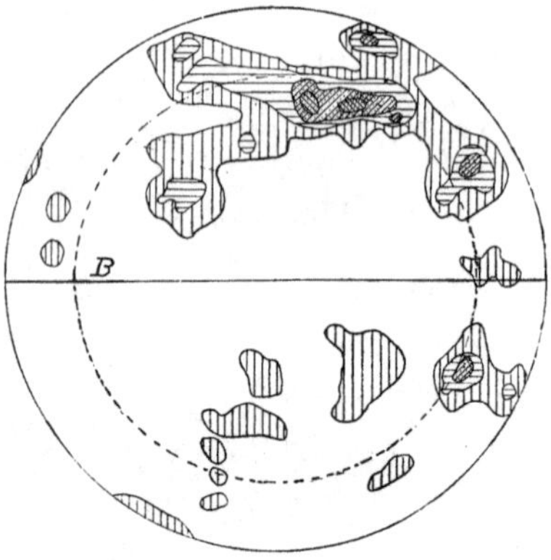

Fig. 22.

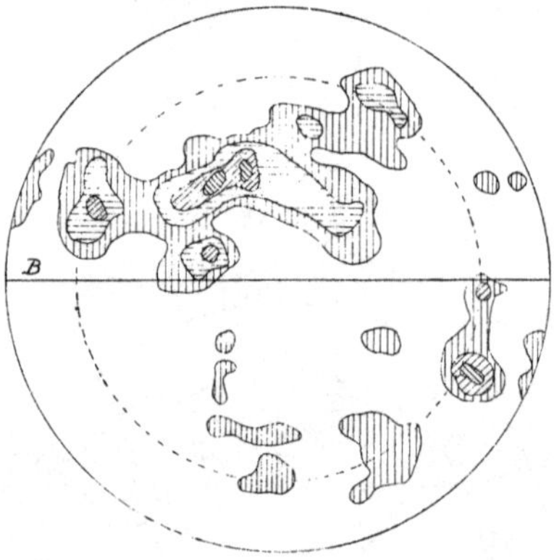

Fig. 23.

FSC
www.fsc.org
MIX
Papier | Fördert gute Waldnutzung
FSC® C083411

Kolibri 360 GmbH
Ferdinand-Jühlke-Straße 7
99095 Erfurt, Deutschland
produktsicherheit@kolibri360.de